丝路味道

吴志红 ◎ 编著

吉林科学技术出版社

图书在版编目（CIP）数据

丝路味道 / 吴志红编著 . -- 长春 : 吉林科学技术
出版社，2018.7
ISBN 978-7-5578-3992-5

Ⅰ . ①丝… Ⅱ . ①吴… Ⅲ . ①食谱－中国 Ⅳ .
① TS972.182

中国版本图书馆 CIP 数据核字（2018）第 070747 号

Silu Weidao

编　　著	吴志红
编　　委	刘祥飞　鲁　刚
出 版 人	李　梁
责任编辑	朱　萌
摄　　影	张　旭　杨　柳
封面设计	长春市一行平面设计有限公司
制　　版	长春市一行平面设计有限公司
开　　本	710 mm×1 000 mm　1/16
字　　数	260千字
印　　张	12
印　　数	1—5 000册
版　　次	2018年7月第1版
印　　次	2018年7月第1次印刷

出　　版	吉林科学技术出版社
发　　行	吉林科学技术出版社
地　　址	长春市人民大街4646号
邮　　编	130021
发行部电话/传真	0431-85635177　85651759　85651628
	85652585　85635176
储运部电话	0431-86059116
编辑部电话	0431-85659498
网　　址	www.jlstp.net
印　　刷	吉广控股有限公司

书　　号	ISBN 978-7-5578-3992-5
定　　价	49.00元

丝路味道

推 荐 序

高炳义

现任中国烹饪协会副会长，中国烹饪协会名厨委员会主席，国家职业技能鉴定专家委员会中式烹调专业委员会主任。全国技术能手、元老级注册中国烹饪大师、国际中餐大师、国家高级烹调技师、世界厨师联合会国际评委、餐饮业国家一级评委、国家职业技能竞赛裁判员，荣获中国烹饪大师金爵奖、中国餐饮业年度十大人物、中国最美厨师特别奖、中国烹饪领军人物等诸多荣誉。近年来受委派率中国名厨代表团出色完成"中国美食走进联合国"等十多次重要国际宴会制作和美食外交任务并担任总厨师长，数十次担任全国和国际专业竞赛的总裁判长职务，多次参加国际烹饪比赛并获得了五金一银优异的成绩。曾赴数十个国家进行中餐烹饪技艺表演。

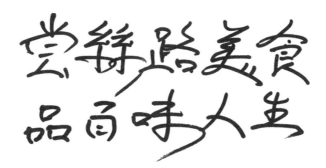

丝路味道

目　录

第一部分
丝绸之路上的美食探索者

第二部分
丝绸之路上的美食

牛羊肉类

鱼虾类

凉菜小吃类

主食类

1勺≈5克

丝路味道

第一部分

丝绸之路上的美食探索者

大师初出道

20世纪70年代初期出生在西北宁夏农村的吴志红，家里兄妹四人，他排行老大，很小的时候就帮助父母做家务，父母不在家的时候经常为弟、妹们做饭。作为长子，他必须担起更多的家庭责任。

为了尽早为家庭分忧，初中毕业的他便毅然报考了技工学校。1986年9月，吴志红考入宁夏商业学校（现宁夏工商职业技术学院）烹饪专业学习。

在校期间，吴志红对既神奇又富有美感，既能看又能吃，色香味美的烹饪食物越来越有兴趣，他十分刻苦地学习。平日里，他不仅按照老师的要求刻苦学习刀功、雕刻、配菜、烹制等烹饪技能，还买来专业书籍深入学习。经过三年的学习与成长，吴志红对中国烹饪的理论和技艺有了深刻的认识，为他的职业人生打下了重要的基础。

1989年7月，吴志红毕业走出了校门，被分配到区内一家饭店工作。由于基本功扎实，烹饪技法运用巧妙，他烹饪的菜肴总是受到客人赞扬，19岁时就被破格提拔为厨师长。参加工作后，吴志红拥有了更多的条件进行学习与实践，从烹饪原材料的品种、口味、营养搭配，到中国八大菜系选料、调味、烹饪方法及风格，他都细心钻研，还经常到各餐厅去观察其他厨师做菜的操作过程，向师傅们虚心请教，不断丰富自己的见识，取人之长补己之短。工作之余，吴志红最喜欢买书、看书，几乎将他看到的所有有关餐饮制作和管理方面的书都买回来学习。身为一个回族厨师，他深深感觉到丝路美食作为中华饮食文化的一部分，可以融合各大菜系所长，发掘传统丝路饮食文化，将宁夏特色的饮食文化发扬光大。

　　经过多年的研究学习，吴志红感觉到越往前走，自己需要学的烹饪技术和知识越多。他认识到，要学习掌握更深、更新的烹调技艺，使自己的技艺更加精进，就不能故步自封，而是必须走出去。

　　1992年他辞掉了公职，独自到深圳、北京、南京等大城市去闯荡，边干边学。正如吴志红所说，走出去学习，更能知道自己的不足。那几年他在外地的工作经验和学习为他以后的烹饪之路打下了坚实的基础。在继承优秀传统丝路美食的基础上，吴志红不断学习和创新，借鉴其他菜系的技法，突出本菜系的色、香、味，逐渐形成了自己的风格，让众多人领略到了来自宁夏美食的烹调真功夫。

　　机会总是留给有准备的人。1999年年底，陕西省西安市举行了第四届全国烹饪大赛，吴志红参加了这次大赛，他的参赛作品叫"红杞羊腩"，原料是宁夏特产枸杞和羊肉。他虽然参加全国大赛的经验不足，但仍以优异表现获得了一枚银牌，不仅为宁夏烹饪界争了光，也给宁夏的美食扬了名。但是，吴志红对自己取得的成绩并不满意，他觉得自己还可以做得更好一些。

　　这次获得全国烹饪大赛银牌，使他成为全国烹饪界的名人，也为他的烹饪生涯赢来了一次重要机遇。

技精业熟，蜚声海外——业内亮新星

2000年年中时，埃及开罗希尔顿酒店需要中餐厨师到该饭店工作，但对厨师要求较高。经过多方面的考量，获得1999年第四届全国烹饪大赛银牌的吴志红被公派到埃及去工作。经过准备后，吴志红登上了飞往世界四大文明古国之一埃及的航班，成了埃及开罗希尔顿酒店的中餐厨师长。

吴志红初到埃及，新的工作环境、生活环境，给一个仅有中专学历的青年厨师造成了巨大的压力。每天工作任务繁重，没有中文电视和报纸，语言也无法沟通，和同事交流都是用肢体语言来表达。想家的时候就打国际长途电话，但国际长途费用昂贵，仅给家里打国际长途电话，一年就花了一万多元。当时，吴志红感到自己完全置身于一个孤独的世界中，思念妻儿的心情非常苦闷，同时身上肩负着的压力也很大。后期吴志红回忆说：“那时，儿子刚三岁多，正是最需要陪伴的时候，我却不在他们身边。那年春节，有一个宁夏同乡给我带来了儿子在幼儿园录的录音带。我在宿舍里一个人听儿子唱歌，忍不住眼泪直流，真想立刻飞回到家人的身边。”

吴志红心里清楚，自己在异国他乡的这份工作，寄托着家乡人民的期望，肩负着中国餐饮行业外派工作人员的责任，即使有再大的难处，也要坚持做好工作，完成任务。一想到这些，吴志红的信念更加坚定了。

希尔顿酒店是一家国际品牌的五星级连锁饭店，其经营管理水平世界一流，来自许多国家的厨师都在这里展现高超的烹调技艺。尽管语言不通，但吴志红注意观察学习，掌握了很多在国内没有见识过的饮食烹调方法和技艺，也学到了不少先进的经营管理技术。就这样，他以宁夏人吃苦耐劳的精神边干边学，不仅学那里的烹饪技艺，还学习酒店管理，并在业余时间自学了英语和阿拉伯语。吴志红任劳任怨地认真工作，以出色的工作表现和烹饪技艺赢得了酒店管理方的信任和称赞。这次出国工作让吴志红积累了宝贵的经验。

　　2001年吴志红完成派遣任务回国。在埃及工作的一年里，细心的吴志红发现中东地区固然有不少中餐厅，但没有正宗的中国餐厅。于是，他产生了在埃及开店的想法。吴志红在公派结束返国待了3个月后，就说服了家人凑齐资金支持他出国创业。

　　第一次出门创业的吴志红，随身的行李就是他父亲在吴忠市场买的一口大铁锅。当初父亲背着这口大铁锅，把他和妻儿送到银川火车站的情景，深深地印刻在他的脑海里，永远不会忘记。

　　不久，一家埃及最大的中餐厅唐城在开罗开业迎客。这就是吴志红与当地定居的华人合资开的一家可同时容纳200人就餐的中国餐厅。由于吴志红本人是回族人，做的又是以宁夏口味为主的正宗中餐，餐厅很快就得到了消费者的认可。凭借他高超的厨艺，这家中餐厅在半年之内就赢得了不错的口碑。唐城成了开罗当地知名的正宗中国餐厅，不仅受到了当地消费者的喜爱，也受到了亚洲各国驻埃机构的欢迎。

　　饭店的名气越来越大，许多亚洲国家驻埃及大使馆的工作人员、游客和华人都慕名而来。后来，吴志红又和朋友开了第二家中餐厅，并先后接待了几万人次的各国宾客。在此期间，吴志红还在餐厅用悬挂宁夏风光图和电视播放宁夏风光片等多种形式，向各国客人介绍宁夏、推广宁夏，同时也帮助宁夏的企业和开罗当地企业建立联系，促进两地间的民间经济合作与文化交流。吴志红和他的餐厅为宣传宁夏以及中国饮食文化做出了贡献。

有志者事竟成

2005年7月18日晚，马来西亚首都吉隆坡太子国际贸易中心里，人声鼎沸，热闹非凡，世界金厨大赛颁奖典礼正在这里举行。当主持人宣布中国的吴志红以面点"回乡炸果"和热菜"红杞扣羊腩"获得两项大赛特金奖时，场内轰动了，人们不由得对这位来自中国西北宁夏的回族小伙子刮目相看。

2005年6月31日，结束了埃及的生意准备到新加坡继续发展的吴志红，在北京机场等候转机回宁夏时，与宁夏烹协秘书长李军相遇。李军告诉吴志红世界金厨大赛将在马来西亚举行，这时距大赛角逐只有10天，大赛报名已经截止。李军说西北五省区无人参赛，如果吴志红早回来几天，可以代表宁夏到世界大赛上去比一比。

曾经在国内烹饪大赛中获得银牌的吴志红，不想失去这次参赛机会，两人经过商议后，急忙赶到中国烹饪协会说明原因，争取报名。因为宁夏烹协代表的诚恳请求和吴志红的技术实力，中烹协领导与大赛组委会经过商议，同意吴志红可以直接到现场补报。作为我国西北五省区的唯一参赛者，吴志红终于拿到了世界金厨大赛的入场券。

由于距离比赛只有10天，时间非常紧迫，吴志红来不及在国内做准备，只身一人飞赴新加坡，凑齐参赛原料。为了熟悉环境，吴志红又提前赶到马来西亚备战。

到了吉隆坡，在比赛现场，吴志红看到中国其他省区市的参赛团最少都是三个人，几乎每个参赛选手在中国都是名厨，而自己是个没有帮手的"孤家寡人"。

以什么样的项目参赛是困扰吴志红的最大问题，创新研发已经没有时间，但是如果没有特色与亮点，参赛成绩必然不会理想。细心的吴志红发现：大部分参赛者选做的热菜都以龙虾为主，而以羊肉为主料的仅有三人，这时他灵光一现。

他想到马来西亚是个主体信奉伊斯兰的国家，大赛比拼的正是自己所擅长的菜系。并且，吴志红清楚地知道羊肉和枸杞是宁夏特产，炸果是回族特色，都是穆斯林人士喜欢的佳肴，将两者有机结合，加上精心烹调，胜算较大。因此，吴志红决定选择宁夏的特产羊肉和枸杞，以及具有回族特色的炸果，将这些元素有机结合，做了一道热菜和一道面点。

2005年7月15日，世界金厨大赛的"硝烟"在马来西亚首都吉隆坡"燃起"，这届比赛是具有很高声望的大型国际中餐厨师赛，来自世界30个国家和地区的近400名中餐厨师同台竞技。

吴志红清楚地记得自己6年前以0.01分之差败北国内烹饪大赛的情景，但这一次，面对强手如林的挑战，他依然决定用那道热菜来参赛。比赛中，吴志红以"红杞扣羊腩"为热菜，以"回乡炸果"为面点，更有创意的是他在面点上用芋头雕刻了一个清真寺，代表宁夏的民族特色。羊肉和枸杞是宁夏的特产，炸果具有回族特色，参赛的这两道菜不仅突出了宁夏特色，更具有回族风情。地道的宁夏热菜和面点，无论造型、色泽，还是口感、味道，其独具特色的民族风情和他平稳自信的心态、精湛高超技艺，获得了来自十几个国家的评委的认可。最后得到11个国家评委的高分，一举摘得面点和热菜两块特金奖牌。

2005年7月18日晚，在吉隆坡太子国际贸易中心世界金厨大赛颁奖典礼上，回族厨师吴志红以面点"回乡炸果"和热菜"红杞扣羊腩"，夺得世界金厨大赛的两个特金奖。一夜之间，宁夏菜肴享誉世界餐桌，吴志红成了宁夏厨师国际夺金的第一人。

烹饪大师文化使者——厨房到荧屏

2008年9月，世界美食类图书大奖赛组委会（Organizing Committee of World Cookbook Awards）和全球唯一的中华美食数字电视卫星频道联合拍摄大型系列美食专题节目《丝绸之路上的美食》，计划由来自中国、法国、马来西亚三个国家的三名顶级大厨，以各自不同的眼光和饮食文化知识，去欣赏、体验和制作源自那个古老神秘土地上各种美食。节目将丝路风光与特色美味融合在一起，以世界的眼光去领略来自丝路的独特风貌，让更多的人通过顶级厨师的引领，去品味和感受古丝绸之路的丰厚底蕴和美食风情。

节目组已经邀请了国际名厨大师——Yvan（法国人，法餐大师）、Chef Wan（马来西亚人，东南亚知名美食节目主持人），正在国内寻找代表中餐大厨的主持人，条件是必须懂英语和阿拉伯语的中国名厨。经过制片方的严格筛选，最终，这个机会落到了在海外历练多年的吴志红身上。吴志红也因此从厨房走向荧屏，开始以另一种方式向外推介宁夏的美食。

从厨房走向荧屏，吴志红有些不习惯。录制过程中，比起另两位专业的美食主持人——法国的Yvan和马来西亚的Chef Wan，吴志红显得特别放不开，很不习惯寻找镜头、对着镜头说话。但是，这样一静一动的状态反而给拍摄带来了很好的效果。拍摄期间，吴志红又捧起了英语书，开始恶补英语。他认识到，如果真的想做一名烹饪主持人，语言能力必须要加强，要不断地为自己充电，让自己进步，才能走得更远、更久。只有这样，才能为宣传宁夏多做一些事情，让更多的国际友人通过美食来认识宁夏、关注宁夏。正是在这个节目中，通过吴志红之口，更多人了解到了宁夏的小揪面、羊肉系列等美食与枸杞等宁夏特产。

2010年，《舌尖上的中国》与《丝绸之路上的美食》在中央电视台先后播放，吸引了众多吃货的眼球，《丝绸之路上的美食》得到该频道收视率第二的好成绩。节目播出后观众反响强烈，镜头中三名分别来自中国、法国、马来西亚的大厨给人们留下了深刻的印象，他们幽默的语言、深厚的文化底蕴及其所介绍的

美食，无不打动"粉丝"们的心。正是凭借在《丝绸之路上的美食》节目中的不俗表现，吴志红成就了中华美食文化大师的形象。他开始收到一些电视台美食节目的邀请，请他做节目的主持人或评委。

2013年2月24日，素有世界美食美酒"奥斯卡奖"之称的"世界美食类图书大奖赛"在法国巴黎的卢浮宫举行，有来自世界近200个国家的1000多位嘉宾参加。吴志红获得了国际评审团特别大奖，并受评委会主席邀请，与来自世界各国的顶级美食节目制作方和美食明星主持人交流，并为各国贵宾表演中国烹饪的技艺。面对镜头吴志红表示："我一定会把握各种机会向世人展示中国的烹饪文化，告诉他们我的家乡中国宁夏的美食特色。"

2014年，吴志红和央视纪录片频道合作拍摄了大型美食纪录片《一城一味》之银川篇，全方位地向全国观众推广宁夏的特色美食。

2015年，吴志红赴巴黎参加"世界中餐烹饪大赛"，荣获五钻国际金奖。

2016年元旦，晚间黄金档播出的《中国味道》节目，吴志红再次出镜向全国观众推广宁夏的滩羊美食。

2016年，吴志红作为中国美食代表团成员到奥地利联合国总部展示中华美食的烹饪技法，为中餐申遗做出了积极的贡献。

2017年，吴志红被选派参加"中国美食走进联合国，享誉美利坚"活动，并担任5月31日联合国宴会厨师长，让中国美食文化在国际最高政治文化舞台亮相，为实现中餐国际化、中外人文交流发展做出了贡献。同年12月，吴志红被选为中央电视台"国家品牌计划——广告精准扶贫"项目，宁夏盐池滩羊的代言人。

丝路味道

第二部分

丝绸之路上的
美食

丝路味道

牛羊肉类

风味热牛肉

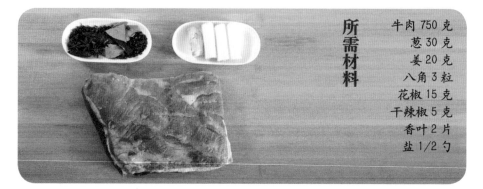

所需材料

牛肉 750 克
葱 30 克
姜 20 克
八角 3 粒
花椒 15 克
干辣椒 5 克
香叶 2 片
盐 1/2 勺

1. 将牛肉放在冷水中浸泡 2 小时。
2. 将泡好的牛肉下入冷水锅中，用大火烧开，撇去浮沫，放入葱、姜、八角、花椒、干辣椒、香叶、盐，转小火焖煮至牛肉熟烂，捞出切片，装盘即可。

Tips

制作风味热牛肉时最好选择牛肋条肉。

金橘牛排

所需材料

牛肉 300 克
金橘 100 克
葱末 5 克
姜末 5 克
盐 1/2 勺
老抽 1 勺
水淀粉 1 勺
牛骨汤 1000 克
植物油适量

 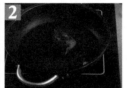

1. 将牛肉切成块，入冷水锅大火烧开，撇去浮沫，捞出洗净。

2. 炒锅置于火上，加植物油烧热，放入葱、姜爆香，加入牛肉四面煎片刻，加牛骨汤、老抽、盐用小火焖煮至8分熟，放入金橘，待肉烂时捞出，将煮好的牛肉装盘，用原汤加水淀粉勾芡，浇在牛肉上即可。

Tips

焖煮牛排的时候要用小火。

红扒牛蹄

所需材料

牛蹄 1 个	桂皮 10 克
葱 20 克	香砂 10 克
姜 20 克	香叶 5 片
干辣椒 20 克	盐 1 勺
花椒 15 克	老抽 1 勺
八角 3 粒	水淀粉 1 勺
小茴香 10 克	牛骨汤适量

1. 牛蹄洗净，入冷水锅煮 10 分钟，捞出。

2. 将牛蹄用消毒纱布包裹捆紧。

3. 汤锅放入牛骨汤，加老抽调色，加盐、香料包、裹好的牛蹄，用小火卤制 8~10 小时，软烂时捞出。

4. 将卤制好的牛蹄放在盘里，拆去纱布划刀，用原汤加水淀粉勾芡，浇在牛蹄上即可。

Tips

香料包做法：将葱、姜、干辣椒、花椒、八角、小茴香、桂皮、香砂、香叶用纱布包好即可。

红焖牛尾

所需材料

牛尾 500 克
老抽 10 克
蚝油 10 克
甜面酱 10 克
葱段 10 克
白糖 5 克
牛肉汤适量
植物油适量

1. 牛尾切段，放入锅中焯水，出锅后加老抽拌匀腌渍。
2. 将牛尾放入植物油油锅中炸成红色，取出。
3. 锅中加蚝油、甜面酱、葱段、白糖和牛肉汤，用小火煨至牛尾软烂即可。

Tips

煨牛尾的时候一定要用小火。

青笋烧蹄筋

所需材料

熟牛蹄筋 300 克
青笋 400 克
葱 15 克
盐 1/2 勺
老抽 1/2 勺
醋 1/2 勺
香辣酱 1 勺
水淀粉少许
牛骨汤 250 克
植物油适量

1. 将熟牛蹄筋、青笋、葱切成条，再将熟牛蹄筋、青笋焯水。

2. 锅中放植物油，加葱煸香，放入熟牛蹄筋、青笋条、香辣酱煸炒，加牛骨汤，放盐、老抽烧制。待汤汁收干时放醋，用水淀粉勾芡即成。

Tips

牛蹄筋加工得软一些，但要保持其完整性。

酥香牛舌

所需材料

牛舌 1 根
葱 10 克
姜 10 克
花椒 10 克
小茴香 10 克
桂皮少许
香叶少许

八角少许
白蔻各少许
盐 1 勺
老抽 1 勺
烧烤粉 20 克
植物油适量

1. 锅中加水，放入牛舌，用大火烧开，撇去浮沫，加入老抽调色，加盐、香料包，用小火卤制 1 小时至软烂时捞出，将卤制好的牛舌片去老皮，修成圆柱形。

2. 将修好的牛舌入七成热的植物油锅中炸至呈金黄色，捞出沥油切成片，装盘，撒上烧烤粉即成。

Tips

　　1. 香料包做法：

　　将葱、姜、花椒、小茴香、桂皮、香叶、八角、白蔻用纱布包好即可。

　　2. 炸牛舌的时候油温要高一些，炸出外焦里嫩的效果。

香辣牛三鲜

所需材料

熟牛肚 100 克	盐 1/2 勺
熟牛头 100 克	干辣椒 5 克
熟牛肠 100 克	麻辣底料 50 克
葱 5 克	牛骨汤 500 克
姜 5 克	植物油适量
蒜 5 克	

1. 将熟牛肚、熟牛头、熟牛肠切成片；姜、蒜切末；葱一部分切末，一部分切斜片。

2. 将切好的熟牛肚、熟牛头、熟牛肠放在开水锅里氽一下。

3. 炒锅中放植物油，放入葱、姜、蒜、盐、干辣椒煸香，再放入麻辣底料，用小火煸炒出香味时，加入牛骨汤烧开，再放入熟牛肚、熟牛头、熟牛肠，稍炖片刻，出锅时撒葱片即可。

枸杞薏米牛蹄筋

所需材料

熟牛蹄筋 250 克
薏米 50 克
鲜枸杞 10 克
盐 1/2 勺

1. 将熟牛蹄筋切成小条。

2. 薏米洗净后浸泡 30 分钟。

3. 鲜枸杞洗净备用。

4. 锅中放水，加入熟牛蹄筋烧开，倒入薏米，用小火煲熟，加入鲜枸杞、盐即成。

Tips

牛筋选用色白肉烂的为佳。

扣扒牛脸

所需材料

熟牛头肉 500 克
葱 5 克
姜 5 克
干辣椒 5 克
香叶 2 片
八角 2 粒
盐 1/2 勺
老抽 1 勺
牛骨汤 250 克
水淀粉 10 克

1. 将熟牛头肉切大片；葱切小段；姜切片。

2. 将切好的牛头肉片整齐地码在碗里，加入老抽、盐、牛骨汤、葱段、姜片、香叶、八角、干辣椒，上锅蒸 30 分钟后扣在盘里，原汤用水淀粉勾芡，浇在牛脸上即可。

Tips

牛头肉切片时刀工要平整，装盘时可用菜心装饰。

小缸牛肉

所需材料

牛肉 500 克　　　小茴香 5 克
葱 5 克　　　　　干辣椒 5 克
姜 5 克　　　　　盐 1 勺
八角 2 粒　　　　老抽 1 勺
花椒 15 克　　　　沙茶酱 1 勺
牛肉汤适量　　　　植物油适量

1. 锅中加水后放入牛肉，大火烧开，撇去浮沫，放入八角、花椒、小茴香、干辣椒，用小火煮熟。

2. 将煮熟的牛肉切成方块。

3. 炒锅中加植物油，放葱、姜煸香，倒入牛肉块、沙茶酱、牛肉汤，放入盐、老抽调色，待汤汁浓稠时出锅即成。

 Tips
煮制牛肉时要用小火。

融合牛排

所需材料

牛排 500 克	叉烧酱 1 勺
葱 5 克	盐 1/2 勺
姜 5 克	水淀粉 1 勺
花椒 10 克	牛肉汤 200 克
香叶 2 片	植物油适量
干辣椒 5 克	

1. 将牛排切块，放入水中浸泡 2 小时。
2. 将浸泡过的牛排放入冷水锅里，用大火煮开，撇去浮沫。
3. 加入葱、姜、花椒、香叶、干辣椒，用小火焖煮至熟后捞出。
4. 炒锅置于火上，放植物油，再放入叉烧酱、盐煸炒。
5. 加入牛肉汤、牛排烧制片刻，放水淀粉勾芡，装盘即可。

Tips

烧制牛排时用小火慢慢煨煮。

咖喱牛肉干

所需材料

牛肉 500 克
咖喱粉 50 克
葱 20 克
花椒 3 克
盐 1/2 勺
姜 10 克

1. 牛肉用清水煮，加入葱、姜、花椒、盐。
2. 将煮熟的牛肉切片，加咖喱粉腌渍，然后入烤箱用低温烤至牛肉外皮酥脆即可。

Tips

 1.牛肉选用里脊肉。

 2.用烤箱烤牛肉时一定用低温烤。

焦香牛肉

所需材料

牛里脊 500 克
洋葱 1 个
葱 5 克
姜 5 克
干辣椒 10 克
烧烤粉 1 勺
老抽 1 勺
淀粉 1 勺
盐 1/2 勺
植物油适量

1. 牛里脊切大片；洋葱切粗丝；姜、葱切丝。

2. 在切好的牛里脊片中放葱丝、姜丝、老抽、淀粉，腌制 10 分钟。

3. 将腌制好的牛里脊滑油，捞出控油。

4. 炒锅中放植物油，加入干辣椒煸炒，再加入牛里脊用大火煸炒，炒至外焦里嫩，放入洋葱丝，撒烧烤粉、盐翻炒均匀，装盘即成。

Tips

牛里脊在过油时油温要高一些。

肉末烧蹄筋

所需材料

熟牛蹄筋 300 克	酱油 1/2 勺
羊肉 150 克	醋少许
五香粉 1/2 勺	香辣酱 1 勺
葱 15 克	盐 1/2 勺
姜 10 克	鸡汤 300 克
蒜苗 30 克	植物油适量

1. 将熟牛蹄筋切成条形；羊肉切成末；葱、姜、蒜苗切成丁。

2. 锅中放植物油放入葱、姜爆香。

3. 倒入牛蹄筋煸炒。

4. 放入香辣酱、酱油、醋、五香粉、盐。

5. 加入鸡汤用小火焖烧至汤汁浓稠，转大火收汁，撒上蒜苗丁，装盘即可。

凉手抓

所需材料

羊肉 500 克
葱 20 克
姜 20 克
花椒 15 克
盐 1 勺

1. 将羊肉用清水冲洗干净，冷水下锅，大火烧开，撇去浮沫，再放入葱、姜、花椒，用小火焖煮至熟。

2. 将煮熟的羊肉放凉，切片装盘撒盐即可。

Tips

羊肉选用宁夏盐池县的滩羊肉为佳。

辣爆羊羔肉

辣爆羊羔肉是一道传统小吃，宁夏各地均有制作，尤以宁夏平原北部的平罗辣爆羊羔肉最具特色，而且在当地知名度很高，故又称平罗羊羔肉。

爆炒是以油为主要导热体，在大火上，用极短的时间将食物灼烫成熟，调味成菜的烹调方法。

炒锅中放入适量植物油，将剁成块的羊羔肉下入锅内，用大火煸炒，边炒边加入芹菜、粉条等配料，炒至羊羔肉断生即成。吃辣爆羊羔肉时，可佐以米饭。辣爆羊羔肉色泽红亮，肉质软嫩，滋味醇厚。脆嫩爽口是用爆炒的方式做出的菜的最大特点。爆炒时，一定要保持高油温。做辣爆羊羔肉时要将羊羔肉放入沸水中汆烫一下，让其形成花瓣状，然后马上入油锅。所谓脆嫩指成菜后的口感。

爆炒操作速度快，一般不需要重加调味，主要以咸鲜为主，所以原料一定要新鲜。爆炒时要注意正确掌握火候和油温。爆的全程基本都用大火，尤其是汆烫的水锅，水锅内的水要多，火要大，要保持剧烈沸腾，这样，漏勺中的原料放入水中一烫就会收缩成花瓣状，也使原料加热到半熟，为接下来的快速炒熟创造了条件。

辣爆羊羔肉

所需材料

羊羔肉 500 克
五香粉 1/2 勺
干辣椒 10 克
葱 15 克
姜 15 克
蒜 20 克
盐 1/2 勺
老抽 1 勺
植物油适量

1. 羊羔肉洗净，切块；姜切末，葱一部分切末，一部分切段。

2. 锅中放植物油烧热，下羊羔肉煸炒，待水气煸干，加葱姜末、蒜、干辣椒和五香粉，继续煸炒至羊羔肉断生。加入开水，用老抽调色，加盐、葱段待汤汁收干至熟，即可出锅。

Tips

炒羊羔肉时，一定要在油温很高的时候放入羊羔肉。

小米炖羊排

所需材料

羊排 400 克
小米 100 克
盐 1/2 勺

1. 羊排切成小块；小米洗净。

2. 锅中加水后放入羊排，用大火烧开，撇去浮沫，转小火炖至断生，下入小米继续炖烂，加入盐，即可出锅。

Tips

羊肉快煮熟时再加入小米。

手抓羊肉

　　手抓羊肉是我国西北人民喜爱的传统食物。手抓羊肉相传有近千年的历史，原以手抓食用而得名。吃法有三种，即热吃（煮熟后切块蘸料汁食用）、冷吃（切片后直接蘸盐）、煎吃（用平底锅煎热，边煎边吃）。特点是肉味鲜美，不腻不膻，色香俱全。

　　羊肉具有温补作用，最宜在秋冬食用。但羊肉性温热，常吃容易上火。因此，吃羊肉时要搭配凉性和甘平性的蔬菜，起到清凉、解毒、去火的作用。凉性蔬菜一般有萝卜、冬瓜、丝瓜、油菜、菠菜、白菜、莲藕、茭白、笋、菜心等；而红薯、土豆、香菇等是甘平性的蔬菜。而羊肉和萝卜做成一道菜，则能充分发挥萝卜性凉，可消积滞、化痰热的作用。

　　做羊肉的时候，调料的搭配作用也不可忽视。最好放点不去皮的生姜，因为姜皮辛凉，有散火除热、止痛祛风湿的作用，与羊肉同食还能去掉膻味。手抓羊肉的烹制一般保持其原始的风味：把新鲜的羊肉放入锅中清炖，有的只放胡椒、姜片，不放盐，有的什么佐料也不放，肉炖至七八成熟即捞出食用。主人把热气腾腾的羊肉装在精致的大盘子中，盘边放着十五厘米左右长的割肉小刀。这种古朴的、独特的、带有原始风格的吃肉方式，会使您领略到塞北江南的风土人情，在您思想的海洋里激起阵阵涟漪，引您遐想、怀恋、憧憬和陶醉。

手抓羊肉

所需材料

羯羊肋条 1200 克
葱 20 克
姜 20 克
花椒 15 克
盐 1 勺

1

2

1. 将羯羊肋条斩断，不破坏羊肉皮面，用清水冲洗干净后浸泡，中间换两次水。

2. 将羯羊肋条下入冷水锅中，用大火烧开，撇去浮沫，再加入葱、姜、花椒，用小火焖煮至熟，顺肋条切开，装盘撒盐即可。

Tips

羊肉选择 15 千克以内的滩羊为佳，开锅后用小火煨煮。

果仁羊排

所需材料

羊排 400 克
青豆 50 克
鸡蛋 2 个
面粉 50 克
花生仁 20 克
腰果 15 克
盐 1/2 勺
植物油适量

1. 羊排煮熟，切成条状。

2. 把羊排加鸡蛋、面粉和盐拌匀，拍上用花生仁和腰果做的果碎。

3. 把拍好果碎的羊肉放入六成热油锅里炸至呈金黄色，取出。

4. 将青豆氽水，摆在盘中，羊排放在青豆上面即可。

Tips

炸羊排时油温不能过高。

扒羊脸

所需材料

羊头 1 个	桂皮 5 克
葱 10 克	香叶 5 片
姜 10 克	干辣椒 5 克
花椒 5 克	盐适量
八角 3 粒	老抽适量
小茴香 5 克	水淀粉适量
香砂 5 克	

1. 锅中放水，加入羊头，用大火烧开，撇去浮沫，加入葱、姜、花椒、八角、小茴香、香砂、桂皮、香叶、干辣椒、盐，用老抽调色，转小火炖1小时，捞出羊头去骨。

2. 将去骨的羊头放在盘里，浇上原汤，上锅蒸1小时至软烂即可。

3. 蒸出的汤汁中加水淀粉勾芡，浇在羊头肉上即成。

Tips

羊头去骨时要注意尽量保持整个羊头肉的完整。

葱香羊排

所需材料

羊排 750 克
葱白 400 克
花椒 5 克
葱段 30 克
姜片 30 克
盐 1/2 勺
植物油适量

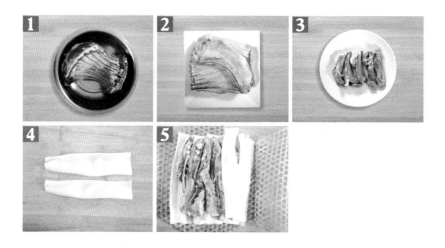

1. 将羊排放入清水中浸泡 1 小时。
2. 将泡过的羊排下入冷水锅中，用大火烧开，撇去浮沫，加入葱段、姜片、花椒、盐，用小火焖煮至六分熟，捞出。
3. 将羊排顺肋骨切开呈条状。
4. 将葱白从中间切开。
5. 将切开的葱白铺在竹篦上，码上羊排，再铺一层葱白，用竹篦夹紧；锅中放植物油烧至四成热时放入竹篦，将羊排炸熟即可。

五彩羊排

所需材料

羊肉 500 克
鸡蛋 2 个
胡萝卜 50 克
菜心 1 棵
红椒 30 克
葱 20 克
姜 15 克
盐 1/2 勺
五香粉 1 勺
植物油适量

1. 羊肉剁成肉馅。

2. 将羊肉加葱、姜、五香粉、盐拌匀，制成羊肉馅；胡萝卜、菜心、红椒切粒。

3. 用平底锅将鸡蛋煎成蛋皮，将蛋皮铺平，放入羊肉馅抹平，用蛋皮包裹住羊肉馅，呈排状。

4. 将羊排表面粘上胡萝卜粒、菜心粒、红椒粒。

5. 锅中放植物油，烧至四成热时放入羊排炸熟，捞出，将炸好的羊排切成条状，装盘即可。

西夏秘制羊排

所需材料

羊排 2000 克
盐 1 勺
生抽 50 克
烧烤酱 200 克
葱 15 克
姜 20 克
蒜 15 克
烧烤粉 100 克

1. 将羊排放水里浸泡，泡去血水，将泡好的羊排用刀顺骨头的方向断断续续扎透，便于入味。

2. 把葱、姜、蒜切成片，放入泡好的羊排里，加入盐、生抽、烧烤酱腌制 5 小时；将腌制好的羊排用沸水淋透定型，撒烧烤粉待用。

3. 烤箱 220℃预热，把腌制好的羊排放进烤箱里烤熟即可。

Tips

羊排底味要入足，烤制时炉温要合适。

蒜香羊排

所需材料

羊排 1000 克
姜 10 克
葱 15 克
蒜 15 克
老抽 1/2 勺
蚝油 1/2 勺
胡椒粉适量
盐适量
煎炸粉少许
植物油适量

1. 用水洗干净整片羊排，再将羊排竖起，沿肋骨之间的缝隙逐一切开划下，将羊排分割成数根整条的肋骨，再切成小段；蒜切末、葱切段、姜切片。

2. 在羊排中加入蒜末、葱段、姜片、蚝油、老抽、盐和胡椒粉，混合均匀，腌制 30 分钟；将腌制好的羊排裹上一层煎炸粉。

3. 植物油烧至六成热，下入羊排用小火慢炸，炸羊排时，多放一些油，要把羊排完全淹没，这样才能炸得均匀，炸到羊排熟后捞出，喜欢胡椒粉的人还可以在羊排表面撒一些胡椒粉。

 Tips

　　羊排腌制时间要长一些，这样能更好地入味。

旱蒸羊腿

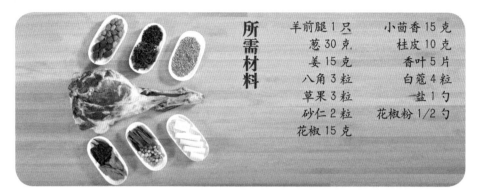

所需材料

羊前腿 1 只　　小茴香 15 克
葱 30 克　　　桂皮 10 克
姜 15 克　　　香叶 5 片
八角 3 粒　　　白蔻 4 粒
草果 3 粒　　　盐 1 勺
砂仁 2 粒　　　花椒粉 1/2 勺
花椒 15 克

1. 选用新鲜的羊前腿进行修整，将羊腿肉切片，以便入味，注意不要把肉从骨头上切下。切好的羊腿放入盆中，加盐、花椒粉揉搓均匀，搓透，再加入花椒、香叶和切碎的葱、姜，腌渍 40 分钟。

2. 在腌制好的羊腿中放入八角、草果、砂仁、小茴香、白蔻、桂皮，盖上纱布，上锅蒸熟即可。

Tips
　　生羊腿腌制时要把调味料均匀地搓入羊肉中，以便入味。

烩羊杂

　　烩羊杂既是西北地区常见的传统风味汤类小吃，又是宴席上人们喜爱的传统名肴。羊杂又称"羊下水"或"羊下脚"。自古以来，在农牧和北方草原地区，牛羊成群，品质优良，每当宰羊后，剩余的"羊下水"，如羊的肠、心、肝、肚、头、肺、蹄等，都会被收拾得干干净净，去除其中的杂质，将各部分内脏反复清洗。尤其对羊肺处理得特别精细，将羊肺在清水中浸泡一夜，用洗面肺的水灌入羊肺中，最后放入有各种调料的锅内煮熟食用。

　　食用羊杂符合中医营养学中"以脏补脏"的理论，羊杂中的主要成分有蛋白质、脂肪、糖类、钙、磷、铁、B族维生素、维生素C、肝素等多种营养素，有益精壮阳、健脾和胃、养肝明目、补气养血的功效。羊杂中含有多种营养素，深受各地群众的喜爱。在气候偏冷的北方和西部地区，羊杂既可以果腹充饥，又可以逐寒御冷，历来是一种经济实惠的大众化风味小吃。

羊下水本来不被人们重视，但经过精心烹制，这种"下脚料"变成了美味佳肴。制作出的烩羊杂红润油亮，肉烂汤鲜，红、绿、白、灰多色相间，色彩绚丽，飘香诱人。

烩羊杂

所需材料

熟羊头肉 100 克　　　香菜末 30 克
羊肚 100 克　　　　　葱末 15 克
羊心 1 个　　　　　　盐 1 勺
羊肝 100 克　　　羊油辣子 50 克
羊面肺 100 克　　　羊肉汤 1000 克

1. 把熟羊头肉、羊肚、羊心、羊肝、羊面肺分别切成条。

2. 锅中放入羊肉汤烧开，撇沫，然后将切好的熟羊头、羊肚、羊心、羊肝、羊面肺放在羊肉汤里略煮片刻，撒上香菜末、葱末，加入羊油辣子、盐，盛碗即可。

Tips

羊油辣子是在羊油加热炼制出的油中加入辣椒粉炸成的辣椒油。

砂锅羊肉

所需材料

熟羊肉 200 克
香菇 80 克
水发粉条 100 克
菜心 1 棵
葱 20 克
姜 15 克
盐 1 勺
羊肉汤 500 克

1. 熟羊肉切薄片；香菇切片；菜心洗净。

2. 将水发粉条、香菇放在砂锅里，熟羊肉整齐地码在砂锅表面，放入葱、姜、盐、菜心，浇上羊肉汤，放在火上烧沸即可。

Tips

将砂锅中的羊肉汤放火上烧开就可以了。食用时可加入辣椒油，味道更佳。

71

羊肉炒酸菜

羊肉炒酸菜是一道美食，主要食材是羊肉片与酸菜。

盐池滩羊是宁夏回族自治区盐池县特产，盐池滩羊的羊肉质细嫩，无膻腥味，脂肪分布均匀，含脂率低，营养丰富，实为羊肉中的精品。

酸菜历史悠久，一直是中国北方居民喜欢的一种过冬菜，市场上酸菜的种类越来越多，酸菜也由传统的手工作坊转向工业化生产，受到由北向南越来越多人的喜爱。每年到了秋天，白菜收获的季节，各家各户都会选恰当的时间，腌渍过冬食用的酸菜。整个操作过程要求在无油、无菌的状态中进行，密封腌制一个月后再炖熟食用，酸香浓郁，让人回味。因为冬季气温低于5℃时，各种霉菌难以繁殖，所以冬季1~5℃的室温里最适宜腌制酸菜，味道也最好。

　　酸菜历史悠久，一直是中国北方大多数地区人民都非常喜欢的特色美食，市场上酸菜的种类越来越多，酸菜也由传统的手工作坊转向工业化生产，受到由北向南越来越多人的喜爱。

　　宁夏人都喜欢自己做酸菜，制作酸菜时都要经过挑菜、洗菜、腌菜的过程，全家人忙得不亦乐乎，脸上却是满满的笑容。下饭的羊肉炒酸菜端上来，吃一口，胃口大开，也承载了宁夏人对味道满满的记忆。

羊肉炒酸菜

所需材料

羊肉 150 克
酸菜 200 克
葱 5 克
姜 5 克
辣椒粉 5 克
盐 1/2 勺
植物油适量

1. 将酸菜切粗丝。

2. 羊肉洗净，切片。

3. 葱、姜切丝。

4. 炒锅放植物油，倒入羊肉煸炒变色，放入葱丝、姜丝、辣椒粉和盐煸炒出香味，放入酸菜丝继续煸炒至熟，出锅装盘即成。

Tips
最好选西北的大白菜制作酸菜。

羊肉小炒

所需材料

羊肉 150 克
粉条 100 克
干辣椒 5 克
五香粉 1/2 勺
葱 5 克
盐 1/2 勺
老抽 1/2 勺
香辣酱 1 勺
羊肉汤 200 克
植物油适量

1. 将羊肉、葱、干辣椒切丁。

2. 粉条用水泡发。

3. 炒锅中放植物油，放入羊肉丁煸炒断生，加入干辣椒丁、五香粉、香辣酱继续煸炒出香味，放羊肉汤、粉条、盐，再加入老抽调色，待汤汁收干，撒上葱丁，出锅即可。

 Tips

粉条最好选用土豆粉。

铁锅羊蹄

所需材料

羊蹄 600 克
葱片 5 克
姜片 5 克
蒜片 5 克
盐 1/2 勺
香辣酱 1 勺
老抽 1 勺
花椒 5 克

八角 3 粒
小茴香 5 克
香砂 5 克
香叶 4 片
桂皮 5 克
羊肉汤 300 克
植物油适量

1. 将羊蹄锯成小块，放入水中浸泡 2 小时。

2. 将浸泡好的羊蹄块放锅中，加水，用大火烧开，撇去浮沫，加入香料（花椒、八角、小茴香、香砂、香叶、桂皮）、盐，用老抽调色，小火炖制 3 小时，软烂即可捞出。

3. 锅中放植物油，加葱、姜、蒜爆香，放入香辣酱煸炒，然后放入羊肉汤和羊蹄块稍炖片刻，装入铁锅里即成。

 Tips

羊蹄块焖至软烂，入口即化最佳。

石烹羊肝

所需材料

羊肝 250 克
葱 5 克
姜 5 克
香辣酱 1 勺
盐 1/2 勺
醋 1/2 勺
水淀粉 1 勺
鸡汤 200 克
植物油适量

1. 羊肝切片；葱切段；姜切片。

2. 炒锅中放植物油，下入葱和姜爆锅，放入香辣酱、盐煸炒出香味，加入鸡汤，用水淀粉勾芡后装到碗里待用。

3. 把切好的羊肝码放在烧热的石子上面，快速加入鸡汤，滴上醋，盖上盖闷熟即可。

Tips

羊肝不宜烹制时间过长，断生后即可食用。

椰子羊肉

所需材料

椰子 1 个
羊肉 400 克
葱 10 克
姜 10 克
花椒 3 克
盐 1/2 勺

1. 将椰子切开，取出椰汁备用。

2. 葱切段；姜切片备用。

3. 羊肉切小块，加水、葱段、姜片、花椒、椰汁煮熟。

4. 把煮熟的羊肉放入椰壳中，放入蒸锅蒸 10 分钟即可。

Tips

制作椰子羊肉时选择羔羊肉为最佳。

辣爆羊肠

所需材料

熟羊肠 200 克
葱 5 克
姜 5 克
辣椒粉 1 勺
酱油 1 勺
盐 1/2 勺
醋 1/2 勺
植物油适量

1. 将熟羊肠切成菱形块；葱、姜切末。

2. 锅中放植物油，放入葱末、姜末爆香，加入切好的羊肠、辣椒粉、盐、酱油爆炒，出锅前加入醋，装盘即成。

红柳肉串

所需材料

羊肉 200 克
烧烤粉 10 克
葱姜油 50 克
红柳枝适量

1. 将羊肉切成滚刀丁。

2. 将切好的羊肉穿到红柳枝上。

3. 将穿好的羊肉串刷葱姜油，放在烧烤炉上边烤边撒烧烤粉，烤熟即成。

Tips

羊肉切丁时尽量保证大小一致，否则容易受热不均，出现一部分烤焦，另一部分不熟的状况。

清炖羊肉

所需材料

带骨羊肉 500 克
青萝卜 1 个
花椒 3 克
葱 5 克
姜 10 克
盐 1/2 勺
八角 1 粒
香菜少许

1　葱切末；姜切片；香菜切段。

2．将羊肉剁块，下入冷水锅中，用大火烧开，撇去浮沫，加入花椒、葱末、姜片，转中小火。

3．青萝卜切滚刀块，用开水氽烫 1 分钟（氽烫前放入八角）。

4．待羊肉九分熟时加入氽过的青萝卜块、盐，用小火炖至肉烂。

5．将炖烂的羊肉装入器皿中，撒上香菜段即可。

碗蒸羊羔肉

所需材料

羊羔肉 600 克
面粉少许
八角 1 粒
五香粉 1/2 勺
葱 5 克
姜 5 克
盐 1/2 勺
植物油适量
清汤适量

1. 将羊羔肉带骨剁成小块，加入盐、五香粉、面粉腌制 1 小时。

2. 将腌制好的羊羔肉放入七成热的油锅中炸成金黄色，捞出控油，将炸好的羊羔肉码在碗中，放入八角、葱、姜，加入适量清汤，上锅蒸 40 分钟即可。

昊王豆腐

所需材料		
豆腐 500 克		羊肉汤 500 克
羊肉 200 克		红椒 20 克
胡萝卜 50 克		酸菜 100 克
葱末 5 克		水淀粉 10 克
姜末 5 克		盐 1/2 勺
老抽 1 勺		植物油适量
五香粉 1 勺		

1. 羊肉、胡萝卜、红椒切成末，加入葱末、姜末、五香粉、盐拌匀，制成肉馅。

2. 将豆腐切成长方块。

3. 将切好的豆腐块放入七成热的植物油锅中，炸成金黄色，捞出。

4. 在炸好的豆腐上面改刀，不要切断，掏空里面的豆腐（制作豆腐盒子），在豆腐盒子里填满肉馅，将做好的豆腐盒子放在深盘里，倒入羊肉汤，用老抽调色，上锅蒸 30 分钟至熟。

5. 炒锅中放植物油，放入酸菜炒至煸干水分，放在盘里。将蒸好的豆腐箱子码放在炒好的酸菜上面，原汤加水淀粉勾芡，浇在上面即可。

石榴羊肉包

所需材料

羊肉 300 克
芹菜 100 克
鸡蛋 2 个
葱 20 克
姜 15 克
盐 1/2 勺
水淀粉 1 勺
鸡汤 100 克
植物油适量

1. 将羊肉切小丁；葱、姜切末；芹菜汆水，撕成细丝。

2. 锅中放植物油，放入羊肉丁、葱末、姜末、盐煸炒至熟待用。

3. 鸡蛋制成蛋皮，蛋皮中间放上炒熟的羊肉馅，用芹菜丝捆住，呈石榴状；把石榴羊肉上锅蒸 10 分钟，装盘，用水淀粉把鸡汤勾成芡汁，浇在石榴羊肉上即可。

 Tips

　　蛋皮一定要扎紧。

丝路味道

鱼虾类

橙香枸杞鱼米

所需材料

鱼肉 500 克
鲜枸杞 300 克
橙子 1 个
鸡蛋 1 个
盐 1/2 勺
淀粉 1 勺
植物油适量

1. 在橙子的 1/3 处用刀划成锯齿状，揭盖，挖出里面的橙肉（橙皮当器皿）备用。

2. 鲜枸杞洗净；鸡蛋去黄留清备用。

3. 鱼肉切丁后放盐、蛋清、淀粉拌匀，腌渍 10 分钟。

4. 将腌渍好的鱼丁过油后清炒，装入橙皮里，加鲜枸杞点缀即可。

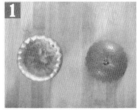

Tips

　　橙肉、枸杞用榨汁机榨成汁，倒入杯中，放在鱼丁旁一同食用即可。

脆椒辣鱼丁

所需材料

鲤鱼 1 条	姜 15 克
（约 1500 克）	淀粉 1 勺
鸡蛋 2 个	盐 1/2 勺
香芹 50 克	酱油 1 勺
香脆椒 100 克	植物油适量
葱 15 克	

1. 将鲤鱼去头、去尾，剔骨留肉。

2. 鱼肉切丁；香芹切短节；葱切片；姜切片。

3. 鱼肉丁中放入部分葱片、姜片，加入盐、酱油、鸡蛋、淀粉拌匀腌渍。

4. 锅中放植物油，加入余下的葱、姜爆香，放入鱼丁、香脆椒、香芹段翻炒，加盐，出锅装盘即成。

 Tips
　　鱼丁反复炸两次，可以达到外焦里嫩的效果。

翡翠虾仁鳜鱼饺

所需材料

鳜鱼1条　　　　盐1勺
（约750克）　　淀粉50克
虾仁250克　　　鸡汤100克
鸡蛋2个　　　　水淀粉适量
葱5克　　　　　菠菜适量
姜5克　　　　　植物油适量

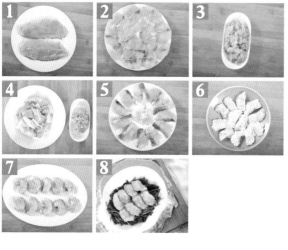

Tips

在包鱼饺的过程中一定要把鱼肉压实，以防馅散落。

1. 将鳜鱼洗净，剔去鱼骨备用（留鱼皮）。

2. 将带皮的鳜鱼切成夹刀片。

3. 将虾仁剁成泥。

4. 在虾仁泥、鱼片中分别放入切成片的葱、姜，加盐腌渍10分钟。

5. 将虾泥放入鱼片里，包成鱼饺。

6. 将包好的鱼饺裹匀蛋液后粘匀淀粉。

7. 锅中放入植物油，烧至四成热时下鱼饺炸至定型。

8. 炒锅置于火上，放植物油，加入葱爆香，加入鸡汤，稍煮片刻后加少许水淀粉勾芡，出锅；焯过水的菠菜放入盘中，鱼饺置于上面即可。

翡翠鱼花

所需材料

草鱼 1 条	姜 10 克
(约 1500 克)	盐 1/3 勺
西蓝花 100 克	白糖 1 勺
鸡蛋 2 个	淀粉 10 克
番茄沙司 2 勺	水淀粉适量
葱 10 克	植物油适量

1. 草鱼去头、去尾，剔骨留肉（带皮）。

2. 在鱼肉上切十字花刀。

3. 将鸡蛋打成蛋液。

4. 将其中一半鱼肉切成大小 2 段，将 3 段鱼花裹匀蛋液后拍上淀粉。

5. 锅中放入植物油烧至六成热，放入鱼花浸炸定型，捞出，待油温升至八成热时，放入鱼花冲炸成金黄色，捞出装盘，盘边围上焯过水的西蓝花；锅中放植物油，加入切成末的葱、姜，加白糖、盐煸香，放入番茄沙司，加清水烧开，用水淀粉勾芡，浇在鱼花上即可。

臊子鱼头

所需材料

鱼头 1 个	姜 20 克
羊肉 250 克	蒜 20 克
香辣酱 50 克	酱油 1 勺
豆瓣酱 40 克	盐 1 勺
五香粉 1 勺	植物油适量
葱 15 克	

1. 鱼头洗净；从中间切开（不能切断）；羊肉切丁；葱、姜切末；蒜切片。

2. 鱼头加盐腌至 10 分钟，锅中放植物油，待八成热时，下鱼头冲炸至定型。

3. 油锅中下入姜末、蒜片、香辣酱、豆瓣酱、五香粉煸炒出香味，加水烧开，放入鱼头，加酱油调色，用小火烧焖至鱼头软烂，转大火将汁收至浓稠即可。

Tips
鱼头最好选择鲢鱼的鱼头。

双味鳜鱼

所需材料

鳜鱼 1 条（约 750 克）	盐 1 勺
香菇 50 克	番茄沙司 1 勺
红椒 1 个	白糖 1 勺
青椒 1 个	醋 1 勺
葱 50 克	水淀粉 1 勺
姜 50 克	淀粉适量
	植物油适量

1. 将鳜鱼从中间片开，剔除鱼骨。

2. 葱、姜、青椒、红椒、香菇洗净，切成丝；将番茄沙司、白糖、醋、盐放在碗里拌匀，调成糖醋汁。

3. 将一半鳜鱼切成斜刀片，卷上葱姜丝、青红椒丝、香菇丝；将卷好的鳜鱼放入锅中蒸至熟，装盘，摆上鱼头，浇上水淀粉。

4. 将另一半鳜鱼切双十字花刀。

5. 将切好花刀的鳜鱼拍上淀粉，入油锅里炸至呈金黄色，捞出装盘。炒锅置火上，放植物油，倒入糖醋汁，待起泡时，盛出浇在炸好的鳜鱼上即可。

玉米鱼

所需材料

草鱼1条
（约1000克）
鸡蛋1个
菜心2棵
葱20克
姜15克

盐1勺
白糖1勺
淀粉适量
水淀粉适量
玉米汁2勺
植物油适量

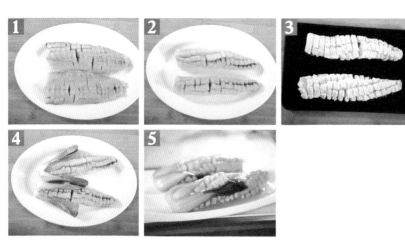

1. 将草鱼洗净，去骨，在鱼肉上切十字花刀。

2. 将切好的鱼肉修成玉米状，菜心修成玉米叶状，焯水待用。

3. 将玉米鱼过鸡蛋液后拍匀淀粉。

4. 锅中放植物油烧至四成热，放入切成片的葱、姜，加入玉米鱼炸制定型，捞出，待油温升到七成热时，放玉米鱼复炸，炸至外脆里嫩，捞出装盘，鱼肉根部摆上菜心，呈玉米状。

5. 锅中放植物油，加入白糖炒制片刻，放盐、玉米汁，用水淀粉勾芡，浇在玉米鱼上即成。

Tips

定型是关键，炸的时候最好用筷子把鱼肉夹住，避免变形。

松子虾球

所需材料

虾 300 克
松子仁 20 克
淀粉 1 勺
葱 10 克
姜 10 克
蒜 10 克
番茄沙司 35 克
白糖 1 勺
盐少许
植物油适量

1. 虾去皮，用刀将虾背部划开，取出虾线；葱、姜、蒜切末。

2. 将虾仁加盐、葱、姜、蒜腌渍，加淀粉抓匀，放入油锅中炸成金黄色，捞出。

3. 用番茄沙司和白糖调制成酸甜汁，放入虾球炒匀，再撒上松子仁即可。

 Tips
炸制虾球时一定要掌握好油温。

蟹味菇烤鱼块

所需材料

草鱼 1 条
（约 1000 克）
芦笋 200 克
蟹味菇 100 克
香辣酱 50 克
烧烤汁 2 勺
盐 1 勺
材料油少许

1. 草鱼洗净，处理后留中段。

2. 芦笋去老根，洗净，氽熟。

3. 在草鱼中段皮面上切十字花刀，放盐腌渍。

4. 把蟹味菇表面刷材料油后放在烤箱里烤制（水分烤干即可）。

5. 将腌好的鱼段刷材料油、香辣酱、烧烤汁，放入 220℃的烤箱中烤制，待鱼肉烤成外焦里嫩，取出放入摆好芦笋的盘中，再装饰上蟹味菇即可。

Tips

将葱、姜、花椒油放入锅中烧热即成材料油。

杏仁羊肉虾球

所需材料

羊肉 200 克
虾仁 200 克
鲜杏仁 50 克
蛋清 1 个
葱 15 克
姜 10 克
盐 1/2 勺
植物油适量

1. 羊肉、虾仁制成馅；葱、姜切丝后泡水，制成葱姜水。

2. 在肉馅中加入葱姜水，打上筋后加蛋清、盐，放入冰箱冷藏 10 分钟，取出后将肉馅团成圆球状。

3. 将鲜杏仁片逐个插在羊肉虾球上呈花状；将花状羊肉虾球放入四成热的植物油锅中浸炸至熟，捞出装盘即可。

 Tips

　　羊肉虾球刚下油锅时油温一定要低，慢慢浸炸熟即可。

鱼羊鲜

所需材料

羊肉 300 克
鱼肉 400 克
葱 15 克
姜 30 克
菜心 3 棵
鸡蛋 2 个
盐 1/2 勺
老抽 1/2 勺
蚝油 1 勺
羊骨汤 500 克
水淀粉适量
植物油适量

1. 羊肉切丁；鱼肉制成蓉；葱和姜切片。

2. 将羊肉丁、鱼蓉分别加入一部分葱姜片，入味 5 分钟，放在一起后加鸡蛋、盐、老抽、蚝油搅拌均匀。

3. 将羊肉、鱼蓉团成丸子状。

4. 锅中放植物油烧至七成热，放入羊肉鱼蓉丸子炸至表面上色，捞出控油。

5. 锅中放植物油，倒入葱片、姜片爆香，放入羊骨汤烧开，再放入炸好的肉丸，用小火焖烧至熟。

6. 菜心焯水；把烧好的肉丸、菜心摆放在器皿中。

7. 步骤 5 的原汤加水淀粉勾芡，浇在肉丸上即可。

孜然风味烤鱼头

所需材料

鳙鱼头1个
（约1000克）
葱 20 克
姜 15 克
辣椒粉 20 克
盐 1/2 勺
孜然烧烤粉 20 克
植物油适量

1. 将鱼头从中间切开（不能切断），放辣椒粉、盐、切好的葱、姜片腌制 1 小时。

2. 在腌制好的鱼头表面刷植物油，放入专用烤夹里进行烤制（条件不允许时，可选用烤箱），烤到八分熟后，边烤边撒孜然烧烤粉，直至鱼头熟时，装盘即可。

Tips

鳙鱼就是我们俗称的胖头鱼，是一种常见的淡水鱼。

丝路味道

凉菜
小吃类

大漠风沙土豆泥

所需材料

土豆 500 克
豆沙馅 100 克
椰蓉 50 克
鸡蛋 2 个
植物油适量

1. 将土豆去皮，切片，上锅蒸熟。

2. 将蒸好的土豆按压成泥；鸡蛋打成蛋液。

3. 土豆泥中包入豆沙馅，搓成长枣状；将成型的土豆泥裹匀蛋液后滚上椰蓉，入四成热的植物油锅中炸成金黄色，捞出装盘即可。

Tips

土豆最好选择口感较为软糯的品种。

风味烩凉粉

所需材料

羊肉末 100 克	葱 5 克
凉粉 250 克	姜 5 克
粉条 50 克	五香粉 1 勺
白萝卜 100 克	羊油辣子 1 勺
韭菜 30 克	盐 1/2 勺
水发木耳 30 克	羊肉汤 500 克
番茄 30 克	植物油适量

1. 凉粉和白萝卜切菱形片；粉条切段；水发木耳撕小块；番茄切片；韭菜切小段；葱和姜切末。

2. 锅中放植物油，放羊肉末煸炒至变色，放入葱姜末、五香粉煸香，加盐、凉粉片、白萝卜片、粉条段、木耳块、番茄片、羊肉汤烧开，撇沫，再放入羊油辣子搅匀，撒上韭菜段即可。

 Tips

凉粉不能切得太薄，否则容易碎。

烤土豆

所需材料

土豆1个
烧烤粉适量

1. 土豆削皮，一切两半，将表面修整齐。
2. 把修整好的土豆放入烤箱里烤熟，装盘，附带烧烤粉即成。

Tips

土豆尽量选择宁夏固原地区的沙土豆，口感较好。

炝拌沙葱

所需材料

沙葱 300 克
葱 5 克
姜 5 克
小米椒 5 克
蒜末 10 克
盐 1/2 勺
醋 1 勺
植物油适量

1. 将小米椒切小段。

2. 将葱、姜切末。

3. 沙葱择去老根、黄叶，洗净，汆水至断生，放在碗中。

4. 锅里放植物油烧热，放入葱、姜炝香，倒入沙葱碗中，加入蒜末、小米椒段、盐、醋拌匀，装盘即可。

手撕鸡

所需材料

滩鸡 1 只
葱 30 克
姜 20 克
花椒 10 克
干辣椒 10 克
胡麻油 50 克
酱油 2 勺
醋 2 勺
盐 1 勺

1. 将滩鸡入冷水锅，大火烧开，撇去浮沫，加入葱、姜、盐、花椒，用小火焖熟。

2. 将煮好的滩鸡撕成条，装盘。

3. 锅中放胡麻油烧至四成热，放入葱、姜爆香，加入干辣椒、酱油、醋，制成酱汁，浇在滩鸡上即成。

Tips

本菜的关键是调味料，一定要用胡麻油炝锅。

烩小吃

　　烩小吃，古今均有制作。烩小吃是一款著名的传统小吃，宁夏回族自治区到处都有制作烩小吃的地方。大到酒店、宾馆，小到街边小餐馆，很多来过宁夏的食客都会品尝一碗烩小吃。汤碗中形状相似的夹板子与豆腐、粉条、木耳、油菜，再加上热气腾腾的羊肉汤，总让人忍不住多喝几碗。烩小吃质地软嫩，口味鲜香，食用之后让人回味无穷。

　　夹板又称夹沙，喜欢吃素的人可以将夹板做成素的，喜欢吃荤的人可以将夹板做成荤的，素有素的做法，荤有荤的做法，全凭自己的喜好。

　　一碗米饭，一碗烩小吃，再喝点羊肉汤，美味下肚，总让人觉得既踏实又舒服。这道营养可口的美食，孩子、老人都喜欢吃，年轻人也爱吃。

　　烩小吃具有自己的风味特色，品尝过的人无不称赞其物美价廉，特色鲜明，别有一番风味。

烩小吃

所需材料

羊肉馅 200 克	五香粉 1/2 勺
鸡蛋 2 个	葱 5 克
油菜 2 棵	姜 5 克
水发木耳 5 朵	盐 1/2 勺
粉条 50 克	羊肉汤 500 克
豆腐 1 块	淀粉少许
番茄 1 个	植物油适量

1. 豆腐切菱形片；水发木耳撕成小块；番茄切小块；油菜焯水待用；葱和姜切末备用。

2. 羊肉馅中加葱末、姜末、五香粉、淀粉拌匀，制成馅料备用。

3. 将鸡蛋打入碗中搅拌均匀；炒锅中加植物油，倒入适量搅匀的鸡蛋液，快速转动炒锅，使蛋液均匀地摊开，制成鸡蛋皮待用。

4. 将制好的羊肉馅均匀地抹在鸡蛋皮上。

5. 上面再盖一张鸡蛋皮，压实后放入冰箱冷藏 10 分钟。

6. 将冷藏后的鸡蛋皮肉饼切成菱形块，制成夹板。

7. 锅中放植物油烧到六成热，放入夹板炸至呈金黄色捞出；锅中放植物油，油稍热时放入葱末、姜末爆香，放入羊肉汤、夹板、粉条、豆腐、木耳、番茄，烧开后加盐，倒入汤碗里，放入油菜即可。

炸羊尾

所需材料

鸡蛋2个
豆沙馅200克
白糖100克
淀粉2勺
植物油适量

1. 鸡蛋取蛋清，打发成蛋泡状，加淀粉拌匀，制成蛋泡糊。

2. 将豆沙馅挤成小丸子，放入蛋泡糊里。

3. 用蛋泡糊把豆沙丸子包裹住，制成蛋清圆球，下入四成热的植物油锅中炸至定型，捞出装盘，撒上白糖即可。

 Tips

炸羊尾时油温要低，炸熟时呈白色为最佳。

花仁牛筋冻

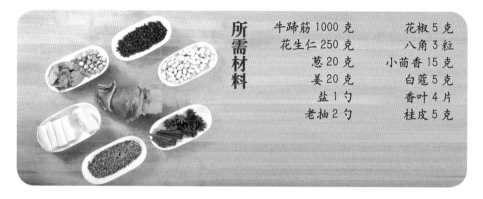

所需材料

牛蹄筋 1000 克	花椒 5 克
花生仁 250 克	八角 3 粒
葱 20 克	小茴香 15 克
姜 20 克	白蔻 5 克
盐 1 勺	香叶 4 片
老抽 2 勺	桂皮 5 克

1. 锅中放水，加入牛蹄筋，用大火烧开，撇去浮沫，加入葱、姜、盐、老抽、花椒、八角、小茴香、白蔻、香叶、桂皮，用小火炖制 1 小时（能切动为宜），捞出，切成小条。

2. 将花生仁浸泡，剥皮，放入牛蹄筋中拌匀，放在平底器皿里。

3. 将煮过牛蹄筋的原汤过滤，浇在牛蹄筋上面，上锅蒸 8 小时至呈浓稠状。

4. 将蒸好的牛蹄筋冻放凉，扣出，食用时切块即可。

蒸三样

所需材料

土豆 200 克
胡萝卜 200 克
青菜叶 100 克
面粉 100 克
酱油 2 勺
醋 2 勺
蒜蓉少许

1. 土豆、胡萝卜去皮，切丝；青菜叶洗净。

2. 把土豆丝、胡萝卜丝、青菜叶分别拌上面粉。

3. 放入锅中蒸熟，装盘。

4. 将酱油、醋、蒜蓉搅拌均匀，制成风味蘸汁，蘸食即可。

Tips
食用时蘸风味蘸汁味道更佳。

红油皮丝

所需材料

牛头皮 1500 克　　花椒 10 克
黄瓜 1 根　　　　蒜末 10 克
八角 1 粒　　　小茴香 10 克
香砂 5 克　　　　　盐 1 勺
香叶 2 片　　　　　醋 1 勺
桂皮 5 克　　　　红油 1 勺
葱 10 克　　　　老抽 1 勺
姜 10 克

1. 锅中放水，加入牛头皮、葱、姜，用大火烧开，撇去浮沫。

2. 加入老抽调色，加盐、香料包，用小火卤制 2 小时，捞出。

3. 将卤制好的牛头皮切丝；黄瓜切丝。

4. 放入红油、醋、蒜末拌匀即成。

Tips

　　香料包做法：将八角、香砂、香叶、桂皮、
姜、花椒、小茴香用纱布包好即可。

牛筋肚卷

所需材料

黄牛肚 200 克
牛筋 200 克
酱油 3 勺
葱 5 克
姜 5 克
桂皮 5 克
八角 2 粒

1. 黄牛肚放入水中，加葱、姜煮熟；牛筋加桂皮、八角、酱油卤熟。

2. 把牛肚铺开，将牛筋卷入后压实放凉。

3. 将凉凉的牛筋肚卷切片，装盘即可。

Tips

牛肚、牛筋买熟的也要自己煮一下。

手撕牛肉

所需材料

黄牛肉	400	克
盐	15	克
酱油	20	克
葱	30	克
姜	30	克
五香粉	10	克

1. 黄牛肉加葱、姜煮熟；切大片。

2. 牛肉片中加盐、酱油、五香粉腌渍。

3. 腌渍好的牛肉自然晾制 3 小时即可。

Tips

晾晒时，牛肉用纱网盖上，放在阴凉通风的地方。

蘸汁牛肚花

所需材料

牛肚 500 克
葱 10 克
姜 10 克
花椒 10 克
小茴香 10 克
白蔻 2 个
香叶 2 片
蒜末 5 克
香醋 1 勺
酱油 2 勺

1. 锅中加水，下入牛肚，用大火烧开，撇去浮沫。

2. 放入葱、姜、花椒、小茴香、白蔻、香叶，用小火焖煮 2 小时，捞出放凉。

3. 将蒜末、香醋、酱油搅拌均匀，兑成蘸汁。

4. 将牛肚切成长方块，在牛肚块中间切一刀，翻花。

5. 将花肚装盘，带蘸汁上桌即可。

Tips

牛肚不宜久煮，否则口感会变硬。煮好的牛肚应尽快食用。

风干牛肉

所需材料

牛肉 500 克
八角 3 粒
桂皮 5 克
葱 10 克
姜 10 克
酱油 3 勺
盐 2 勺

1. 牛肉切成大厚片，加盐、酱油，加入切成片的葱、姜、八角、桂皮腌渍。

2. 将牛肉放到通风的地方自然晾干。

3. 把晾干的牛肉蒸 30 分钟左右，取出放凉，即可食用。

Tips

牛肉晾晒时注意要把牛肉用通风的纱网罩起来。

辣牛肉干

所需材料

牛肉 500 克
辣椒粉 25 克
酱油 2 勺
葱 20 克
胡椒粉 3 克
盐适量
植物油适量

1. 牛肉切成条，加辣椒粉、酱油、盐、胡椒粉，再加入切成片的葱，腌渍。

2. 牛肉条放入植物油锅中炸干，捞出凉凉，即可食用。

Tips

　　炸制时油温要高一些，这样炸出来的牛肉干色泽较好。

焖羊肠

所需材料

羊肠 2 根
糯米 200 克
羊肉 100 克
葱 20 克
姜 30 克
五香粉 1 勺
干辣椒 15 克
花椒 15 克
盐 1 勺

1. 糯米用水浸泡半小时。

2. 将羊肠里外洗净，将部分葱、姜和羊肉切末，另一部分葱、姜切成片；将羊肉、泡好的糯米加入葱末、姜末、五香粉、盐拌匀，制成米馅。

3. 将米馅灌入羊肠里，两头扎紧，将灌好的羊肠放入冷水锅里，用大火煮开，撇去浮沫，加入葱片、姜片、花椒、干辣椒，用小火焖煮至熟，切段装盘即可。

Tips

煮羊肠时要用小火，以免煮破。

葱油肠丝

所需材料

熟羊肠 300 克
香菜 10 克
葱 5 克
姜 5 克
蒜 10 克
盐 1/2 勺
醋 1 勺
芝麻油适量

1. 将熟羊肠切丝；香菜切段。
2. 葱、姜、蒜切末。
3. 把葱、芝麻油下锅，制成葱油。
4. 将葱油、蒜末、醋、盐放入羊肠丝中拌匀，撒上香菜段即可。

蘸汁羊肺

所需材料

羊肺 1 个
（约 2000 克）
面粉 500 克
葱 20 克
姜 30 克
香醋 2 勺
酱油 4 勺
盐 1 勺
香油辣子 1 勺

Tips

注意在灌制面水时不要弄破羊肺。

1. 将羊肺反复用清水灌洗。

2. 将面粉用冷水和成面团。

3. 将面团放入冷水中反复揉洗，洗去面筋，将面水从羊肺气管灌入，扎紧气管；锅中放水，放入羊肺用大火烧开，撇去浮沫，加入葱、姜，用小火焖煮至熟。

4. 将煮熟的羊肺切片装盘，将香醋、酱油、盐、香油辣子兑成蘸汁，和羊肺一起上桌即可。

丝路味道

主食类

八宝饭

八宝饭是一道西北的传统主食，也可以算是一道甜品，逢年过节，婚庆喜宴，都少不了一大碗食材丰富的八宝饭。八宝饭的摆拼可随自己的心意，喜欢什么样的图案就摆成什么样的。颜色丰富的八宝饭怎么摆都会增添喜气的气氛。

八种食材满满当当地摆进碗中，色彩丰富，口感甜蜜。把八宝饭中的所有食材组合在一起，就是把人体所需的维生素和微量元素组合在一起，象征着团圆美满、幸福甜美、财源滚滚、平安吉祥，也带给人们健康和营养。

八宝饭中都会选用枸杞，挑选枸杞时一定要注意：用白矾泡过的枸杞咀嚼起来会有白矾的苦味，打过硫黄的枸杞味道酸、涩、苦。我们尽量要选择宁夏的枸杞，宁夏的枸杞吃起来特别甜。

将制作好的八宝饭倒扣在盘子中，美丽
的图案寄托着对亲人所有美好的
心愿，家人互相祝福，庆
祝往后的日子快乐、平
安、幸福、安康。

美好的明天
从一碗甜美的八
宝饭开始！

八宝饭

所需材料

糯米 200 克
青红丝 50 克
枸杞 6 粒
白糖适量
红枣 2 颗
核桃仁 20 克
葡萄干 20 克
猕猴桃干 20 克
苹果片 20 克

1. 糯米用清水浸泡 1 小时。

2. 锅中放水，加浸泡过的糯米烧开，转小火煮，要不断搅动，煮成糯米饭即可。

3. 碗中摆上红枣、核桃仁、枸杞、葡萄干、青红丝、苹果片、猕猴桃干。

4. 将制好的糯米饭装入碗中，表面整平，上锅蒸 40 分钟，出锅扣在盘中，撒上白糖即可。

Tips

　糯米饭里加入糖浆，蒸出来的就是八宝饭就会变成棕红色。

炒糊饽

炒糊饽是一道西北地区的著名小吃。具有制作方便，配菜丰富，味道香辣，富有嚼劲特点。糊饽，又称糊饽子，是一种用烙饼切成的饽条。所谓炒糊饽，通俗地说，就是将这种烙饼切成条状，加以配料炒制而成的一道主食，也可以做菜品。

炒糊饽称得上是一种"聪明"的美食。据西北地区老一辈儿的人讲：自家烙饼时，一般用的是"锅炕"，一不小心就把饼烙糊了，因此取名叫"糊饽"。这样的糊饽又糊又硬，特别不好吃，老一辈儿人感觉这种饽扔掉有些浪费，便想到炒着吃的办法。炒糊饽看似简单，但要做好却很有讲究。在炒糊饽时，锅里放入适量的植物油，先将羊肉丝煸炒至肉色变白，再放进红辣椒等食材，之后再加几小勺羊肉汤。羊肉汤烧到一定温度时，将切好的糊饽条抖散放进锅内，煸炒至汤汁收干即可。炒羊肉时，一定要注意羊肉的颜色，颜色刚泛白时就可以加

入其他食材，这样炒出的羊肉软嫩不柴。注意放食材的先后顺序，每样食材在入锅之后都会散发食材本身的香味。掌握好羊汤的温度，在羊汤烧热但未煮沸时加入糊饽，可以使糊饽吸收到羊肉汤的汤汁，将其干硬的质感转化成韧而不软的口感。

炒糊馎

所需材料

羊肉 100 克
面粉 250 克
葱 20 克
盐 1/2 勺
酱油 1 勺
红椒 1/2 个
五香粉 1 勺
植物油少许

1. 将面粉用凉水和成面团，静醒 30 分钟，将醒好的面团擀成圆饼。

2. 将羊肉切丁；红椒切丝；葱切丝。

3. 平底锅放植物油，放入擀好的圆饼两面烙熟。

4. 将烙好的圆饼切成丝（糊馎）。

5. 炒锅中加入植物油，放入羊肉丁煸炒变色，放葱丝、红椒丝、五香粉煸香，放入糊馎丝、酱油、盐继续煸炒至汤汁收干即可。

Tips

烙饼时烙至成八分熟就可以。

干烙饼

所需材料

面粉 500 克
白芝麻 20 克
鸡蛋 2 个
苏打 2 克

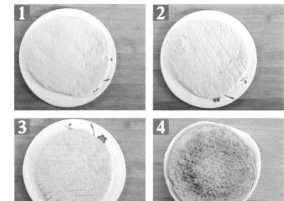

1. 面粉中加入鸡蛋、苏打，用温水和成面团，醒发后擀成圆饼。
2. 在圆饼两面划上十字花刀。
3. 在圆饼上撒上白芝麻。
4. 饼坯放在锅里，两面烙呈金黄色至熟即可。

 Tips

烙饼时一定要用小火，以防饼煳色泽不好。

南瓜摊饼

所需材料

面粉 500 克
南瓜 100 克
鸡蛋 1 个
葱 20 克
盐 1/2 勺
植物油少许

1. 将南瓜切成丝；葱切末。

2. 将面粉、南瓜丝、葱末、盐、鸡蛋液放在碗里，加入清水，调成糊状。

3. 将煎锅刷上植物油，放入面糊，将两面煎呈金黄即可。

Tips

煎饼时注意要厚薄一致。

荞面搅团

　　搅团是西北地区著名的特色小吃，可以将它定义为用面粉加水搅成的糊糊。根据主料不同，可以将其分为荞面搅团、玉米搅团和洋芋搅团，而用荞面做的搅团味道更好，也更筋道。西北有一种说法：谁家娶的媳妇儿贤不贤惠，主要看她打的搅团光不光滑，吃起来筋道不筋道。搅团的吃法有很多种，有水围城、漂鱼儿，陕北也有烩搅团、炒搅团和凉拌搅团等多种吃法。

　　制作搅团时，注意在水滚时，一只手握棍子搅动，另一只手均匀地撒各样荞面，棍子顺时针搅几圈，再逆时针搅几圈。搅面时用力要狠，以不弄破锅为宜。搅至糊糊状后，继续用小火慢慢加热至熟，不能用大火。

　　搅团，名不见经传，却是真正的宁夏民间食品。可以算是西北地区再朴素不过的饭食了，一勺油泼辣子、一盘凉拌菜就搞定了，但就是这一碗普通得不能再普通的搅团，却承载着西北人民浓得化不开的乡情，饱含着他们对故乡的深深依恋。

荞面搅团

所需材料

荞麦粉 400 克
油炸辣子 1 勺
醋 3 勺
酱油 4 勺

1. 将油炸辣子、醋、酱油兑成酱汁。

2. 将荞麦粉用水解开呈稀糊状，倒入锅里搅拌，至黏稠时出锅装圆碗，待凝固后倒扣在盘中，搅团中心按一个小洞，倒入调好的酱汁即可。

Tips

荞麦粉加水用小火慢慢加热至熟，不要用大火。搅团一般可搭配小菜一起食用。

饸饹羊杂面

所需材料

熟羊杂 250 克
荞面粉 100 克
面粉 200 克
羊油辣子适量
羊肉汤 500 克
盐 1/2 勺
葱 20 克

Tips

饸饹面直接煮熟放到碗里，再倒入羊杂汤。

1. 将荞面粉、面粉用凉水和成面团。

2. 熟羊杂切成小条；葱切成葱花。

3. 锅中放羊肉汤烧开，放入熟羊杂、盐，调成羊杂汤。

4. 将面团放入专用的饸饹机器里，把面条直接压在开水锅中，煮熟捞出；把煮好的饸饹面装在碗里，倒入羊杂汤，加羊油辣子，撒上葱花即可。

蒿子面

所需材料			
羊肉	150克	葱	5克
面粉	250克	姜	5克
蒿子粉	50克	五香粉	1勺
土豆	60克	辣椒粉	1勺
白萝卜	60克	盐	1勺
青椒	20克	酱油	1勺
红椒	20克	羊肉汤	500克
胡萝卜	50克	植物油适量	
番茄	30克		

1. 将面粉和蒿子粉搅拌均匀，用凉水和成面团，静醒。

2. 将羊肉、土豆、白萝卜、胡萝卜、番茄、青椒、红椒切成丁；葱、姜切末。

3. 将醒好的蒿子面团压成面条。

4. 炒锅中放植物油，放入羊肉丁煸炒，待羊肉变色后加入葱末、姜末和五香粉、辣椒粉翻炒均匀，再放入土豆丁、白萝卜丁、胡萝卜丁继续煸炒，待水分煸干时加入番茄丁、羊肉汤、酱油、盐，用小火煮至熟成羊肉臊子盛入碗里；汤锅加水烧开后，放入蒿子面条煮熟，捞出，盛在碗里，倒入羊肉臊子即成。

小炒面

所需材料

羊肉 150 克	姜 5 克
面粉 250 克	五香粉 1 勺
白萝卜 100 克	辣椒粉 1 勺
土豆 100 克	酱油 1 勺
红椒 20 克	盐 1/2 勺
青椒 20 克	羊肉汤 500 克
韭菜 30 克	植物油适量
葱 5 克	

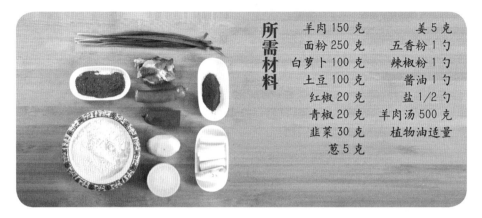

1. 将面粉用冷水和成面团，静醒。

2. 将羊肉、土豆、白萝卜、青椒、红椒切成丁；葱、姜切末。

3. 韭菜切成段。

4. 炒锅中放植物油，放入羊肉丁煸炒，待肉变色，加入葱、姜、五香粉、辣椒粉翻炒再放入土豆丁、白萝卜丁继续煸炒，待水分煸干时，加入酱油、盐，用小火炒至熟做成羊肉臊子待用。

5. 将醒好的面团擀成大圆饼，切成宽条，揪成小方块（揪面）。

6. 汤锅放水烧开后放羊肉汤，放入揪面煮熟，捞出，盛在碗里，撒上韭菜段，和羊肉臊子一起上桌即可。

生汆面

　　生汆面是宁夏回族自治区当地的主要面食之一，具有西北特色和少数民族风味，这种面食往往是南部地区乡村人家款待客人的难得美食。汆面由于色香味俱全，酸辣醇厚，回味悠香，营养丰富，在西北地区深受欢迎。在西北，拉面也是一种广受西北地区欢迎的面食，汆面与拉面相似，属于快餐类面食，适合当前快节奏生活的年轻群体。但汆面制作过程更细致、更讲究，选用的食材也更丰富。选用鲜美的羊肉汤作为汤底，增添汆面鲜素的味道，手工擀面后揪出的面节食用起来更加有口感、色泽更明亮、光滑度更好，营养也更均衡。

　　和面的面粉要求是当年的麦子磨制的，做面的主要配料以新鲜的净羊肉为最好，也可以选择精牛肉。宁夏固原地区人们

做生汆面可谓当地一绝，做出的面相当有味道，口感正宗，若来固原，可别错过鲜美的汆面哦！

　　一碗具有少数民族风味的生汆面给少数民族地区的人们带来了丰富多彩的生活。让少数民族地区的人们感觉更加亲切温暖。

生汆面

所需材料

羊肉 200 克
面粉 250 克
水发粉条 60 克
菜心 1 棵
葱 20 克
姜 15 克
五香粉 1 勺
盐 1 勺
羊肉汤 500 克
植物油适量

1. 将面粉用冷水和成面团，静醒。

2. 将净羊肉剁碎，放入切好的葱姜末、盐、五香粉制成馅。

3. 将羊肉馅挤成丸子，放在冷水锅里汆熟捞出，菜心汆水捞出。

4. 将醒好的面团擀成大圆饼，切成宽条，揪成小方块（揪面）。

5. 锅中放植物油，放葱姜末爆香，加入羊肉汤烧开，撇去浮沫，再放入盐、水发粉条和汆好的羊肉丸子，制成丸子汤；汤锅放水烧开后，放入揪面煮熟，捞出装碗，浇上羊肉丸子汤，摆上菜心即可。

茄子生煎包

所需材料

面粉 500 克
茄子 200 克
红椒 100 克
葱 20 克
姜 15 克
五香粉 1 勺
盐 1/2 勺
辣椒粉 1 勺
胡麻油适量
发酵面少许
植物油适量

Tips

　　茄子丁要切均匀，切后用水泡一会儿。

1. 将发酵面用温水解开，加入面粉和成面团，醒发。

2. 茄子、红椒切丁；葱、姜切末。

3. 在茄子丁中加入红椒丁、葱末、姜末、五香粉、辣椒粉、盐、胡麻油拌匀，制成茄子馅。

4. 把发好的发酵面团，擀成皮放入茄子馅，包成包子；将煎锅刷上植物油，放入包子用小火煎制，煎制中间烹一次面水（水里放点面粉），盖上锅盖烹熟即可。

羊肉猫耳朵

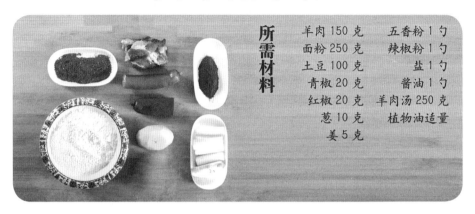

所需材料

羊肉 150 克	五香粉 1 勺
面粉 250 克	辣椒粉 1 勺
土豆 100 克	盐 1 勺
青椒 20 克	酱油 1 勺
红椒 20 克	羊肉汤 250 克
葱 10 克	植物油适量
姜 5 克	

1. 将面粉用凉水和成面团，静醒。

2. 将羊肉、土豆、青红椒切成丁；葱、姜切末。

3. 将醒好的面团擀成厚饼，切成条，用拇指搓成猫耳朵状。

4. 汤锅放水烧开后，放入猫耳朵煮至九分熟，捞出。

5. 炒锅中放植物油，放入羊肉丁煸炒，待肉变色，加入葱末、姜末、五香粉、辣椒粉翻炒。

6. 放入土豆继续煸炒，待水分煸干时，加入羊肉汤。

7. 放入煮好的猫耳朵、酱油、盐，开锅后盛在碗里即可。

珍珠羊肉丸

所需材料

羊肉 300 克
葱 10 克
姜 5 克
糯米 100 克
小米 50 克
黑芝麻 20 克
盐 1/2 勺
五香粉 1/2 勺

1. 羊肉剁碎；葱、姜切末；羊肉碎、葱、姜、五香粉、盐拌匀制成馅料。

2. 糯米用水浸泡 2 小时。

3. 小米粒用水浸泡 2 小时。

4. 将拌好的羊肉馅挤成丸子。

5. 粘上泡好的糯米、小米粒、黑芝麻，制成珍珠丸子。

6. 将珍珠丸子上锅蒸 30 分钟至熟，装盘即可。